Jose Moniz

Enredamento quântico e inconsciente coletivo.

Física e metafísica do universo. Novas interpretações.

Copyright 2019
Bruno Del Medico Editor
Sabaudia (LT) Itália
Comunicações: edizioni@delmedico.it
Somente italiano, português ou inglês, por favor. Outros idiomas serão ignorados.
Site seguro do editor: https://www.qbook.it/pt

Resumo

Vamos começar com a experiência de todos. As estranhas coincidências. 5

Coincidências e sincronicidade. 9

Carl Jung e o inconsciente coletivo. 12

A reunião de Jung e Pauli. 17

Que evidência temos? Materialismo negacionista 21

Física quântica e a diatribe de Bohr-Einstein 26

Confirmação do emaranhado. 31

Emaranhamento e inconsciente coletivo. 36

O observador determina o comportamento 40

A "Consciência Global"......................45

Normal e paranormal. 52

As percepções extra-sensoriais no universo psíquico. 56

Sincronicidades ocorrem no momento certo. 60

A grande sincronicidade que estamos experimentando. 66

Por que "Cenacolo Jung Pauli"?...........70

Referências da Web 75

Vamos começar com a experiência de todos. As estranhas coincidências.

As estranhas coincidências são experiências tão comuns que ninguém acredita que possa duvidar. Carl Gustav Jung fala sobre isso com um exemplo:

"Por acaso, acho que meu bilhete de bonde tem o mesmo número do teatro que comprei imediatamente depois. Se durante a noite eu receber uma ligação telefônica na qual alguém me menciona o mesmo número, parece improvável que a relação entre esses fatos seja acidental "

Há também coincidências menos impressionantes, que, no entanto, nos surpreendem, porque dentro de nós elas assumem o significado de uma conexão quase impossível.

Exemplos infinitos podem ser citados. "Veja" mentalmente um amigo em uma situação difícil e depois descubra que essa pessoa realmente viveu um episódio negativo. Muitos evitam o comportamento porque se sentem desconfortáveis. Por exemplo, eles não pegam transporte público. Mais tarde, eles descobrem que o veículo estava envolvido em um acidente. Alguns sonham com um amigo esquecido porque ele mora em outra cidade e no dia seguinte eles o encontram na rua.

Todos nós somos frequentemente testemunhas ou protagonistas de fatos semelhantes. No começo, estamos um pouco surpresos, mas depois decidimos que é um caso e guardamos tudo em algum canto da nossa mente.

Na realidade, "coincidência" nem sempre equivale a "acaso". Isso é demonstrado pelo fato de que algumas coincidências geram problemas em nossa mente que permanecem sem solução por toda a vida.

No entanto, esses episódios ressurgem na mente e estimulam nossa curiosidade, juntamente com um vago senso de mistério. Temos a sensação de uma indicação ou sugestão que não conseguimos compreender. O conhecido psicoterapeuta Carl Gustav Jung estudou esse fenômeno por um longo tempo e elaborou muitas das teorias descritas mais adiante neste livreto. Segundo Jung, muitas coincidências são certamente aleatórias, mas às vezes não. Jung levantou a hipótese da existência de coincidências que poderiam ser consideradas significativas ou mesmo "numinosas" (cobertas de sacralidade) e cunhou para elas o nome de "sincronicidade".

Coincidências e sincronicidade.

Por trás de toda sincronicidade, existem universos desconhecidos para explorar.

As "coincidências significativas" podem ser de vários tipos. Por exemplo, eles podem ser baseados em sonho, premonição, telepatia ou outro. De qualquer forma, eles colocam o espírito ou a psique em jogo. Aceitamos a hipótese de que o universo não é feito apenas de matéria, mas de matéria e espírito. Ambos moldam nossa realidade juntos. Sob essas condições, muitos fenômenos, que seriam inexplicáveis com os parâmetros do materialismo, tornam-se compreensíveis.

Jung foi o primeiro a estudar o fenômeno de estranhas coincidências com métodos científicos. Ele forneceu as ferramentas apropriadas para entender quando uma coincidência pode ser considerada significativa ou numinosa. Quando as condições propostas por Jung se tornam realidade, a coincidência se torna uma sincronicidade.

É claro que é necessário distinguir entre coincidências aleatórias e sincronicidades. Os primeiros fazem parte da vida cotidiana e derivam da sobreposição e entrelaçamento de nossas atividades com as do mundo ao nosso redor. A característica predominante das coincidências normais é que as consideramos descontadas e não nos envolvem ou nos interessam muito. As sincronicidades, por outro lado, abrem uma enorme janela no panorama do mistério. Por trás de toda sincronicidade, existem universos desconhecidos inteiros para explorar e uma imensa sabedoria para poder acessar. Infelizmente, nossos olhos não são adequados para decifrar essas paisagens. Não sabemos a linguagem pela qual as sincronicidades tentam se comunicar conosco. Existem problemas de harmonia entre nossa mente e a Mente que nos envia sincronicidades.

Carl Jung e o inconsciente coletivo.

Para entender completamente o conceito de sincronicidade, precisamos entrar nas teorias de Jung. Primeiro, precisamos introduzir o tópico do "inconsciente coletivo".

Segundo Jung, existe um nível de consciência colocado fora da nossa mente. Essa consciência não está confinada ao nosso crânio, mas é separada e independente da nossa fisicalidade. É um nível psíquico e, portanto, não pode ser localizado em lugar algum. Não é "uma coisa" com comprimento, largura, altura e peso. Não pode ser retirado daqui e movido para lá.

O inconsciente coletivo "é" existe da mesma maneira que a nossa alma, a idade de uma árvore ou o fluxo da água do rio. Ninguém pode ver ou pesar a idéia da idade da árvore ou do fluxo do rio, mas é inegável que elas existem.

O inconsciente coletivo é uma realidade absolutamente psíquica que contém as experiências de todos os seres humanos. A grande vantagem é que todos os seres humanos podem utilizar esse depósito, como se estivessem extraindo água de um poço. Toda a experiência da humanidade está presente no inconsciente coletivo na forma de arquétipos. Hoje diríamos que todas as informações relacionadas à raça humana são arquivadas na forma de "file" chamados "arquétipos".

Como todos os seres humanos podem interagir com os arquétipos do inconsciente coletivo, segue-se que possuímos uma grande quantidade de conhecimento. Esse conhecimento vai além da nossa experiência.

Às vezes, os arquétipos se movem do inconsciente coletivo e passam a influenciar nossa consciência. Isso gera episódios difíceis de entender. São sincronicidades.

Compreendemos a presença de um significado oculto, mas não o entendemos com precisão.

A reunião de Jung e Pauli.

Em colaboração com Wolfgang Pauli, Jung aprofundou a possibilidade de que os conceitos de "Arquétipo" e "Sincronicidade" pudessem estar relacionados a uma realidade que definia "Unus mundus".

É uma realidade da qual tudo emerge e para o qual tudo volta. Provavelmente coincide com o conceito de "Anima mundi", de origem neoplatônica.

Filosofias e religiões sempre apoiaram o conceito de alma do mundo. Hoje esse conceito está presente, com nomes diferentes, na filosofia oriental. Podemos lembrar o Tao da cultura chinesa ou o Ātman da cultura indiana. Mas um conceito semelhante também está presente na religiosidade ocidental. Lembremo-nos de Deus e do Espírito Santo. Também existem muitos termos seculares para se referir a essa realidade: Mente Universal, Consciência Global, Espírito do Mundo.

Falando no inconsciente coletivo, nos referimos, por fortes analogias, a todas e a nenhuma dessas entidades religiosas ou filosóficas.

Naturalmente, Jung e Pauli abordaram esse assunto de maneira absolutamente secular.

Pauli perseguiu o objetivo de "restaurar uma alma" à natureza, que lhe fora privada pelo materialismo.

Pauli, referindo-se à psicologia, amadureceu algumas crenças fundamentais. Por exemplo, ele acreditava firmemente que as descobertas científicas são favorecidas e antecipadas por imagens arquetípicas na mente do cientista.

Por sua parte, nesta colaboração, Jung se familiarizou com os estudos da física quântica. Nesse contexto, a distinção entre matéria e energia é tão sutil que parece inexistente.

Jung coloca um elemento não material, a psique, na materialidade. Segundo Jung, a psique e a matéria formam uma realidade única, não apenas psíquica e não apenas material. Esta realidade única é chamada "Unus Mundus".

O diagrama psicofísico elaborado por Jung e Pauli (ver figura) equilibra a psique com espaço-tempo, isto é, com a parte material do universo. Em vez disso, nos braços horizontais, o diagrama equilibra determinismo, ou causalidade, com sincronicidade.

Que evidência temos? Materialismo negacionista

A enciclopédia Wikipedia descreve o materialismo da seguinte maneira:

> "O materialismo é uma posição filosófica que identifica todos os aspectos da realidade com a matéria. Portanto, exclui a presença e a eficácia

de todo momento superior de caráter espiritual ".

Se o materialismo é esse, certamente é uma teoria que contrasta fortemente com o conteúdo deste folheto. De fato, acreditamos na maioria das idéias negadas pelo materialismo.

Um dos princípios fundamentais do materialismo é que o mundo é uma máquina. O mundo materialista é um lugar onde tudo acontece de acordo com princípios determinísticos.

Isso significa que apenas uma ação pode determinar outra ação e qualquer ação é baseada exclusivamente nas interações que ocorrem entre objetos materiais.

Segundo o materialismo, o homem também é uma máquina, e suas ações são determinadas pelas interações mecânicas entre suas partes componentes.

Vamos resumir alguns pontos da doutrina materialista.

O homem tem um cérebro no qual ocorrem reações químicas que determinam seu comportamento. Exclui-se que ele tenha consciência ou alma.

Pensamentos, sugestões, tendências para o espiritual e o divino são apenas imagens falsas. Estas são miragens ou epifanias. Visões espirituais são produtos residuais resultantes das reações químicas do cérebro. O homem existe apenas em seu crânio. O homem que acredita estar se projetando para o exterior é simplesmente um robô que se ilude.

Portanto, o homem é apenas a agregação, por acaso, de alguns materiais. Certo dia, uma mistura de água, proteínas, gorduras, minerais, carboidratos, vitaminas se uniu e deu origem ao homem. Isso aconteceu por acaso. Se você se olha no espelho e vê sua imagem, pensa que é algo mais do que essa pilha de substâncias, é pura ilusão.

Você é apenas uma série de frascos na prateleira de um laboratório químico. Você é apenas uma série de frascos na prateleira de um laboratório químico. Um dia, o caso sacudiu essas latas e ele recebeu um pequeno robô como você, que pensa que pensa, ama e deseja, mas na verdade ele se ilude.

O materialismo criou historicamente uma fenda incurável entre a matéria e a psique. A ciência materialista estabeleceu-se com uma forte conotação ateísta nos últimos dois séculos e ocupou todas as posições dominantes da cultura e da sociedade.

De fato, qualquer pessoa que não professasse crenças materialistas foi excluída de qualquer carreira científica.

Sob essas condições, era difícil para as teorias defendidas por Jung e Pauli ter sucesso nos círculos científicos.

A verdade é que o materialismo é uma estrutura antiga que chia sob os golpes de novas evidências científicas. Hoje existem cientistas eminentes, principalmente físicos quânticos, que estão desenhando uma imagem radicalmente diferente do cosmos. É uma realidade decididamente orientada no sentido "espiritual".

Física quântica e a diatribe de Bohr-Einstein

Há um mistério na física quântica, que fez Albert Einstein perder o sono. Ele não gostou de alguns aspectos da teoria quântica. Esses aspectos foram apoiados por Niels Bohr e pela Escola de Copenhague, fundada pelo próprio Bohr. Einstein não entendeu por que era impossível determinar a posição e a velocidade de uma partícula ao mesmo tempo. Ele afirmou que "Deus não joga dados". Com isso, Einstein quis dizer que todos os aspectos da realidade material devem ser conhecidos o tempo todo. A todo momento, deve ser possível saber onde está uma partícula elementar e com que rapidez ela está se movendo.

Acima de tudo, Einstein contestou a existência real de um misterioso efeito físico conhecido pelo nome inglês de emaranhamento.

Vamos considerar uma versão simplificada do emaranhado. Suponha que tenhamos um gerador que produz dois fótons. (Fótons são as partículas elementares que compõem a luz). O par é separado e os dois fótons são movidos para distâncias imensas um do outro.

Os dois fótons são complementares. Simplificando, dizemos que um vira para a direita e o outro vira para a esquerda.

Bem, se invertermos o sentido de rotação de um dos dois fótons, o outro também inverte simultaneamente a direção de rotação.

Isso acontece mesmo que os dois fótons tenham sido movidos para distâncias galácticas.

Então a mudança acontece muito mais rápido que a velocidade da luz. Além disso, a mudança de rotação do primeiro fóton produz um efeito misterioso no segundo fóton. Nenhuma energia atualmente conhecida atua entre os dois.

Einstein definiu esse experimento com as palavras "ação fantasmática à distância". Essas palavras entraram no histórico para definir o emaranhado.

Isso contrasta com a concepção materialista do mundo, que é determinística. Segundo o determinismo, todo evento deve ser causado por outro. Uma bola de bilhar (B) começa a se mover somente quando outra bola (A) bate nela, não antes ou depois. Além disso, o movimento da bola B está intimamente relacionado à força do golpe.

No nível quântico, as coisas funcionam de maneira diferente. A bola B começa a se mover simultaneamente com a bola A, isto é, antes de ser atingida. De fato, isso acontece mesmo que a bola A esteja na Terra e a bola B esteja em Júpiter (ou no outro extremo do universo). Portanto, há uma força desconhecida que transmite energia e informação. Essa força não é a força da gravidade.

Einstein acreditava que o fenômeno do emaranhamento só poderia ser alcançado no contexto da física clássica, isto é, de maneira determinística. Segundo Einstein, a explicação era que o procedimento estava errado. Consequentemente, as conclusões também estavam erradas.

Apesar das convicções de Einstein, os experimentos realizados na década de 1980 confirmaram que os procedimentos são precisos. Existe uma realidade completamente desconectada da física clássica. Há uma área do universo que não está sujeita às regras da materialidade. É a "não localidade".

Confirmação do emaranhado.

Os testes experimentais obtidos em 1982 pelo francês Alain Aspect confirmaram a realidade do fenômeno do emaranhamento. Se Einstein ainda estivesse vivo, ele deveria ter anotado as evidências. Duas partículas, unidas pelo nascimento comum, permanecem para sempre unidas a um vínculo que não é material, porque vai além do espaço e do tempo.

No entanto, uma certa ciência finge ignorar essa novidade chocante da física.

O problema que assombra a ciência tradicional é que o emaranhamento distorce todas as leis da física clássica, também chamada de física newtoniana.

Consideramos alguns princípios da física clássica:

• A realidade é causal e mecanicista: cada ação deriva de uma ação anterior e produz ações subsequentes.

- O limite de velocidade da luz não pode ser excedido (300.000 quilômetros por segundo).
- Cada força (gravitacional, magnética etc.) diminui em função da distância.
- A flecha do tempo estabelece uma hierarquia rígida na evolução de cada evento. O que acontece primeiro é sempre a causa do que acontece depois. Nenhum fato pode ser a causa de algo que acontecerá a seguir.

No nível de partículas elementares, nenhuma dessas regras é válida. Duas ou mais partículas relacionadas (emaranhadas) têm características muito diferentes. Resumimos alguns deles:

- O limite de velocidade da luz não é mais válido.

- O princípio de que as forças desaparecem com a distância não é mais válido.
- Como não há diferença de tempo entre ação e reação, a seta do tempo não é mais válida. O "antes" e o "depois" não existem mais.
- Pela mesma razão, a causalidade não existe mais porque ação e reação ocorrem simultaneamente.

Mas, acima de tudo, uma partícula colocada a distâncias astronômicas, como ela pode saber que a outra está preparada para mudar? Como a partícula sabe e muda ao mesmo tempo?

Que forma de conhecimento existe entre as duas partículas?

É necessário imaginar um espaço que não seja feito de matéria. Um espaço que elimina todos os problemas de tempo e distância. De fato, temos que imaginar um espaço psíquico, não material. Talvez este seja o mesmo espaço que Platão chamou de "mundo das idéias" e que Carl Jung mais tarde chamou de "inconsciente coletivo"?

É um espaço chamado "não localidade" porque não pode ser colocado em nenhum lugar. A não localidade está em todo lugar. Penetra todo o universo. Cada parte do universo está imersa nesse nível de energia e informação. Em conclusão, não há divisão no universo. Nossos sentidos nos mostram um universo dividido em diferentes objetos. Na realidade, no nível subatômico, o universo é um.

Emaranhamento e inconsciente coletivo.

O emaranhamento quântico mostra que existe um nível de "gerenciamento do universo" superior às leis do materialismo físico.

É algo que transcende tempo, espaço e matéria. Mas há outra implicação extraordinária: se duas partículas separadas continuarem a se comportar como se fossem uma única partícula, todo o universo estará vinculado por uma força que a une e a une. De fato, todo o universo vem de um evento único, o big-bang. Todas as partículas elementares do universo estão correlacionadas.

Do nível não local, onde não há espaço nem tempo, todas as informações do universo fluem para nossas consciências na forma de arquétipos.

Da mesma forma, as sincronicidades fluem da não localidade. As sincronicidades geram todas as curiosas coincidências das quais somos protagonistas, os pressentimentos, as janelas abertas nos espaços do espírito.

Nesse ponto, começamos a acreditar que a perfeição da criação não é fruto do acaso, mas deriva de um nível superior.

Esse nível vai além do conceito de materialidade e implica a presença de uma entidade que dirige o universo sem restrições de tempo ou espaço.

Existe um Tao, existe um Espírito que governa o universo acima das leis da matéria?

Jung teoriza a existência de um inconsciente coletivo, isto é, uma consciência universal externa aos indivíduos. Do inconsciente coletivo, os arquétipos fluem para a nossa consciência. Os arquétipos são figuras simbólicas. Em nossa consciência, os arquétipos são transformados em avisos, conselhos, humores, premonições, conscientização.

É provável que a força desconhecida que causa o entrelaçamento e o inconsciente coletivo teorizado por Jung sejam a mesma coisa. A psicologia e a física quântica podem colaborar.

A física quântica está apenas no começo, mas a concepção materialista apoiada pelos cientistas dos últimos séculos começa a vacilar.

O milênio que está começando será o milênio que encontrará a "fórmula unificadora" entre ciência e espírito. O sonho de Jung e Pauli se tornará realidade.

O observador determina o comportamento

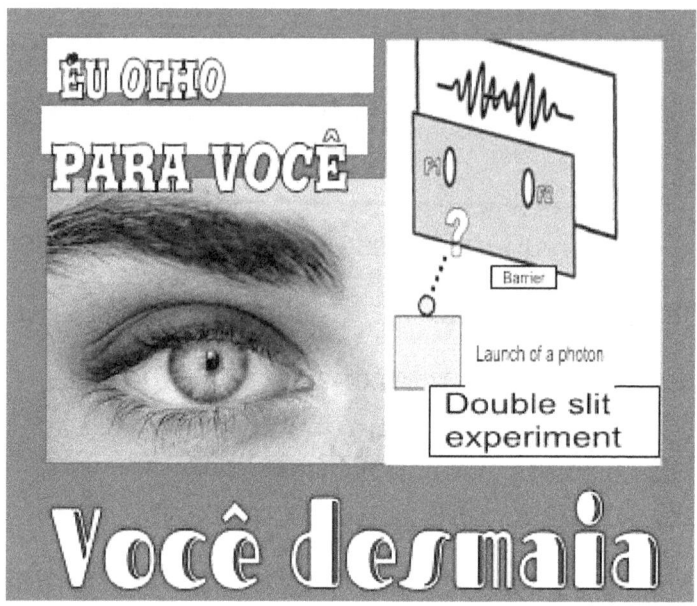

Um dos fenômenos mais surpreendentes no comportamento de partículas elementares é o que podemos destacar através do experimento de "fenda dupla".

Se atirarmos um fóton contra uma barreira com duas fendas, assumimos que o fóton passa por uma ou outra. Não é assim O fóton atravessa os dois. Esta não é uma afirmação rebuscada. Esse fenômeno foi confirmado em centenas, senão milhares de experimentos, e é universalmente reconhecido por toda a ciência. Esse fenômeno é chamado de "superposição de estados". Com base nesse fenômeno, um fóton pode estar em dois lugares ao mesmo tempo. A superposição de estados é a base do fenômeno de emaranhamento.

De fato, um fóton não se comporta como se fosse uma partícula, mas como se fosse uma onda. O fóton se propaga como um círculo de água na superfície da lagoa.

O fóton não está em um local específico, ele está perdido na onda. Ele também pode ficar em dois lugares ao mesmo tempo.

Se você acha isso surpreendente, saiba que ainda não viu tudo.

Admitimos que um cientista particularmente exigente decide ir até a questão. Ele coloca um instrumento de controle atrás de uma das duas fendas, para verificar se o fóton passa por ele ou não.

Bem, neste ponto, o fóton passa apenas pela fenda monitorada pelo instrumento. Diz-se que o fóton "entra em colapso" em um determinado estado.

Podemos concluir que o fóton é dotado de inteligência. Ele escolhe passar por duas rachaduras quando você NÃO a observa. Por outro lado, ele passa por UMA fenda quando você a observa.

A consequência mais relevante do experimento é a seguinte: o observador pode determinar o comportamento do fóton e de qualquer outra partícula elementar. Ele pode fazer isso simplesmente olhando para ele.

John Wheeler era um físico americano, uma figura carismática na física das décadas de 1930 e 1940; sob sua liderança, muitos físicos famosos se formaram, incluindo Richard Feynman. Wheeler acredita que o papel do observador é o aspecto mais importante da física quântica. Ele propõe substituir o termo "observador" pelo de "participante". Expressa essa convicção em uma famosa citação:

"A medição altera o estado do elétron. Após uma medição, o universo não é mais o mesmo. Para descrever o que aconteceu, precisamos eliminar a palavra antiga "observador" e substituí-la pelo novo termo "participante". De certa forma, o universo é um universo participativo ".

No nível das partículas elementares, a vontade do observador participa do funcionamento da matéria; de fato, ela pode determiná-la.

Por enquanto isso se aplica a partículas elementares. Talvez, através de estudos subsequentes, descubramos que a consciência também pode intervir na agregação de fótons, átomos, moléculas e organismos inteiros. Talvez, sem o saber, isso já esteja acontecendo.

A "Consciência Global".

Vários experimentos científicos descobriram que eventos negativos, antes que eles ocorram, causam variações na consciência de cada ser humano.

Talvez, como resultado disso, seria útil testar os distúrbios preventivos de vastas seções da população. Esses testes podem sinalizar eventos negativos que afetam nações ou continentes inteiros ou todo o planeta. Em palavras mais simples, seria possível prever eventos negativos.

Alguém teve o cuidado de investigar essa possibilidade de maneira científica, com pesquisas ainda em andamento. A pesquisa ocorre em um projeto criado na década de 1980 pelos professores Robert Jahn e Brenda Dunne na Universidade de Princeton.

Este projeto nasceu quando os vários experimentos nos permitem imaginar que uma consciência coletiva global poderia realmente existir. É o projeto "Pesquisa de anomalias de engenharia de Princeton".

Os estudos consistiram em verificar os efeitos psicocinéticos em pequenos dispositivos capazes de gerar números aleatórios. Em termos técnicos, esses dispositivos são chamados de RNG (Random Number Generator).

Os números podem ser ímpares ou pares. Consequentemente, como em um sorteio, após um número razoável de arremessos, o resultado fica achatado (50-50).

Os cientistas pediram aos voluntários envolvidos no experimento que tentassem influenciar a escolha dos números. De fato, os voluntários conseguiram gerar variações interessantes em comparação com a estatística 50/50.

Posteriormente, ocorreu um fenômeno surpreendente. Embora nenhum voluntário tenha tentado influenciar os geradores de

RNGi, os resultados foram diferentes dos 50/50 esperados pela estastística.

Os estudiosos imaginavam a existência de uma consciência coletiva capaz de influenciar geradores, mesmo na ausência de voluntários. É pacífico que, dentro de um certo raio, os geradores também são influenciados por pessoas que não estão diretamente envolvidas no experimento. A consciência dos indivíduos gera uma "força" capaz de influenciar os RNGs.

Nos anos seguintes, muitos outros Institutos aderiram ao Projeto, que recebeu o nome de "Projeto de Consciência Global". Uma grande quantidade de equipamentos RNG, mais tecnologicamente avançados, foi colocada praticamente em todo o mundo. Hoje existem RNGs em operação da Europa para os EUA e para a Rússia e também no Japão, Brasil, China, América do Sul, Austrália e África. Essas ferramentas geram números aleatórios (um ou zero) centenas de vezes por segundo. Antes de gerar um número, o dispositivo faz uma previsão e verifica se adivinhou corretamente.

Foi possível verificar que, por ocasião de eventos coletivos de importância significativa, os geradores formulam previsões exatas significativamente superiores à média. É como se o seu funcionamento comum fosse influenciado pelos eventos que acontecerão logo em seguida.

Na prática, os RNGs são capazes de registrar uma variação significativa no subconsciente coletivo das comunidades que estão dentro de sua faixa de influência.

A variação é expressa em um número maior de previsões exatas.

Se o evento que ocorre afeta um continente inteiro, todos os geradores nesse continente têm as mesmas variações. Como confirmação, enormes picos de previsões exatas foram notados algumas horas antes do ataque às Torres Gêmeas em Nova York, em 11 de setembro de 2001.

Em seu livro "Interconnected minds", Dean Radin, que participa do projeto, descreve o comportamento dos dispositivos RNG da seguinte maneira:

"Percebemos que algo incomum aconteceu naquele dia. Em 11 de setembro de 2001, a curva do gráfico sofreu um desvio incrível em comparação com os outros dias examinados. Aconteceu que essa curva atingiu o pico cerca de duas horas antes do avião sequestrado cair na primeira Torre Gêmea em Nova York. Mais tarde, cerca de 8 horas depois, o sinal retornou ao nível mais baixo ".

Normal e paranormal.

A maioria das pessoas aparentemente teve experiências de telepatia ou pré-reconhecimento.

Nesses casos, falamos de fenômenos de intuição, fenômenos psíquicos ou fenômenos parapsicológicos. Alguns acreditam que esses fenômenos derivam do sexto sentido ou do sétimo sentido. Outros falam de percepção extra-sensorial (PES) ou PSI. (abreviação de "psique").

Para os materialistas, todos esses fenômenos são ilusórios. Mesmo que pareça que esses fenômenos paranormais possam existir, na verdade eles têm explicações normais ou são apenas ilusões ou truques.

A negação de fenômenos paranormais tem sido a posição dominante nos últimos três séculos.

No entanto, uma pequena minoria de pesquisadores continuou estudando fenômenos psíquicos porque, se fossem reais, expandiriam muito nosso conhecimento da mente e estenderiam o domínio da ciência.

Mas, como essas experiências não estão de acordo com a teoria materialista, elas são classificadas como paranormais, que literalmente significam "além do normal". Nesse sentido, o "normal" não é o que realmente acontece, mas o que os materialistas pensam.

Da mesma forma, o termo "parapsicologia" significa "além da psicologia". Assim, a parapsicologia seria diferenciada da psicologia "normal"

Eu acho que esses termos estão errados e infelizes. Se os fenômenos do PSI existem, então são normais, não são paranormais. Eles são naturais, não são sobrenaturais. Esses fenômenos fazem parte da natureza humana e animal e podem ser estudados cientificamente.

(Resumo de: "As ilusões da ciência", Rupert Sheldrake).

As percepções extra-sensoriais no universo psíquico.

Sempre nos disseram, desde a época de Aristóteles, que o corpo humano tem cinco sentidos: visão, audição, toque, paladar, olfato. Esses sentidos nos permitem interagir fisicamente com o mundo circundante, a fim de obter informações úteis para a sobrevivência.

Na sabedoria popular, existe outro sentido, o sexto, que não utiliza mediadores físicos (mãos, língua, olhos etc.) para realizar seu trabalho, mas o faz igualmente bem. Isso é intuição. Intuição é a riqueza de conhecimentos que acumulamos em nossa experiência de vida, e que muitas vezes pode sugerir o que podemos confiar e o que não podemos confiar.

A intuição nos ajuda a entender o que deve ser feito e o que não deve ser feito. Em suma, a intuição nos ajuda a arriscar o mínimo possível diante de situações incertas.

Quanto maior a nossa experiência, mais a intuição funciona. A intuição não é extrasensorial porque não introduz conhecimento desconhecido e externo em nosso conhecimento. Esse sentido reelabora as informações que já possuímos.

Assim, o sexto sentido opera racionalmente sobre dados conhecidos.

Pelo contrário, o sétimo sentido elabora, de maneira completamente irracional e imprevisível, dados e informações que muitas vezes nunca tocaram nossa consciência e nosso conhecimento.

Ou seja, o sétimo sentido nos apresenta realidades estranhas à nossa vida cotidiana e à nossa experiência.

O termo sétimo sentido pode muito bem definir algumas propriedades conhecidas mais cientificamente como percepções extra-sensoriais, ou PES (abreviação de Extra Sensory Perception). Estes são, entre outros:

- Precognição ou capacidade de prever o futuro.

- Clarividência ou capacidade de perceber visualmente coisas que normalmente não são visíveis.

- Telepatia, ou capacidade de se comunicar com o pensamento.

O campo de estudo das percepções extra-sensoriais é comumente chamado de parapsicologia.

Sincronicidades ocorrem no momento certo.

Tudo o que é dito neste livro sobre a ocorrência de sincronicidades na vida do indivíduo implica que elas ocorrem "com inteligência", isto é, no momento certo, exatamente quando são necessárias para mudar a vida.

Isso não acontece apenas para indivíduos. A inteligência do universo predispõe as sincronicidades que podem guiar toda a humanidade em direção a estágios evolutivos mais elevados. Em particular, Joseph Cambray, um psicanalista junguiano, apóia a existência de "sincronicidades culturais". Um exemplo é o surgimento da democracia na civilização grega. Segundo Cambray, saltos culturais "guiados" ocorrem na evolução da humanidade. Esses saltos ocorrem "na hora certa".

Outro exemplo de "hora certa" é evidente se avaliarmos os estágios da evolução humana. As idades do homem podem ser divididas em idade da pedra, idade do cobre, idade do bronze e idade do ferro. Ao afirmar isso, não temos a percepção de sua duração. De fato, a idade da pedra começou há 3-4 milhões de anos atrás, e apenas 6.000 anos atrás passou para a era do cobre: 5.000 anos atrás para a Idade do Bronze e 3.000 anos atrás para a Idade do Ferro.

A idade da pedra foi imensamente mais longa que as idades seguintes. Por que o homem permaneceu tanto tempo em sua idade primitiva, por mais de três milhões de anos, antes de fazer a primeira transição evolutiva para a era do cobre? É uma pergunta que a paleontologia moderna não pode responder.

Arriscamos uma hipótese: durante todo esse período muito longo, os homens não desejavam, não pretendiam evoluir, talvez nem imaginassem a possibilidade, porque ainda não tinham uma consciência suficientemente pronta para expressar intenções.

A certa altura, o aumento do número e algumas circunstâncias favoráveis conseguiram desencadear um campo de força psíquica suficiente para interagir com o arquétipo do desenvolvimento cultural. A partir daí, a evolução passou muito rapidamente, passando da era do cobre para a do bronze e depois para a do ferro.

Hoje vivemos a era do silício, que é a era da informação. Hoje, temos as ferramentas de comunicação para disseminar rapidamente novas idéias, capazes de gerar campos de força e expectativas em relação às novas fronteiras do conhecimento. Os campos de força psíquica gerados hoje podem se espalhar e mudar o caminho evolutivo da humanidade em poucas décadas, não mais em milhões de anos.

O tempo em que estamos vivendo é certamente o tempo certo para que novas idéias, relacionadas ao progresso da física quântica, possam se afirmar e perturbar todas as crenças sobre a realidade do universo.

De fato, o emaranhamento prediz uma realidade que não é mais composta apenas de matéria, mas de matéria e psique. O emaranhado reavalia e apresenta todas as intuições que a humanidade sentiu como verdade por milênios, sem jamais poder experimentá-las. O emaranhamento começa a produzir evidências reais e convincentes. Uma rede de "defensores" dessa nova ciência está sendo criada no mundo, capaz de gerar um campo de força suficiente para fortalecê-lo cada dia mais. O emaranhado se desenvolveu em alguns anos através de uma incrível série de sincronicidade.

A grande sincronicidade que estamos experimentando.

No meu livro "Sincronicidade e entrelaçamento quântico", apontei que a evolução humana não ocorre de maneira linear, conforme proposto pelos darwinistas. Estudos científicos mostram que as espécies permanecem estáveis por um longo tempo. Então, de repente, as espécies variam em curtos períodos.

De fato, não se pode negar que o homem permaneceu parado por quase quatro milhões de anos na idade da pedra. Então, nos últimos 12.000 anos, evoluiu com uma velocidade incrível. O homem, depois de manusear pedras por 99,99% de sua existência, nos últimos 0,1% tornou-se capaz de pousar na lua.

Por que isso aconteceu? A resposta é que, para tudo, existe um momento certo para que isso aconteça. Cedo ou tarde, as condições objetivas externas são propícias para a mudança.

O momento certo se manifesta em uma série de sincronicidades que estimulam o destinatário individual, ou uma comunidade inteira, a embarcar na aventura da mudança.

No momento, estamos passando por um desses momentos. Estamos passando de uma civilização materialista para uma nova civilização. Nesta nova civilização, matéria e psique, corpo e espírito colaboram com igual dignidade. Vamos descobrir novas leis do universo. Os algoritmos das novas leis serão baseados na ação da matéria entrelaçada com a ação do espírito.

Uma série incrível de sincronicidade está nos guiando para esse objetivo. Estamos a caminho de um estágio evolutivo da mente que não deixará nada inalterado. Se a humanidade tiver a coragem de dar esse salto, nada será o mesmo novamente.

Provavelmente estamos viajando em grande velocidade em direção ao "Ponto Omega".

Esse termo, cunhado pelo cientista jesuíta francês Pierre Teilhard de Chardin, indica o mais alto nível de complexidade e consciência.

A inteligência do cosmos está guiando a humanidade em direção ao Ponto Omega. É um nível que verá a colaboração completa e total entre a matéria e a psique.

Por que "Cenacolo Jung Pauli"?

O nome "Cenacolo Jung Pauli" distingue uma corrente de pensamento e estudo. Essa corrente é inspirada no trabalho e nas intenções nascidas da colaboração de dois cientistas famosos. Por um lado, Carl Gustav Jung, psicólogo e psicoterapeuta suíço, e, por outro, Wolfgang Pauli, físico austríaco. Jung é bem conhecido por suas teorias sobre o inconsciente coletivo e a sincronicidade. Pauli é igualmente bem conhecido no campo científico. Sobre Pauli, podemos dizer que em 1945 ele recebeu o Prêmio Nobel por seus estudos sobre um princípio básico da mecânica quântica, conhecido como "Princípio da exclusão de Pauli".

Os dois cientistas operaram no campo da psique e no campo da matéria, respectivamente. Esses dois setores são considerados absolutamente incompatíveis entre si. De fato, o materialismo científico nega a existência de todo componente psíquico no universo conhecido.

Apesar de estarem sujeitas à desconfiança e ceticismo de seus respectivos estabelecimentos culturais, sua colaboração durou pelo menos vinte anos. Durante esse período, nunca deixaram de procurar um "elemento unificador", capaz de conciliar, em nível científico, os motivos da dimensão psíquica com os da dimensão material.

Infelizmente, eles não alcançaram esse objetivo em sua vida, mas foram profetas de uma nova interpretação científica do universo. De fato, a evolução do conhecimento no campo da física quântica e, acima de tudo, as confirmações experimentais de fenômenos como o entrelaçamento, reavaliam suas teorias. Hoje a idéia de um universo que não é dividido em "objetos materiais" emerge fortemente. O universo não está dividido, mas consiste em uma realidade única, feita de espírito e matéria. Essa é a realidade que Jung e Pauli denominaram "Unus mundus". A matéria e a psique têm igual dignidade e contribuem juntas para a existência do universo.

O "Cenáculo" é um local de conhecimento e estudo. Acreditamos que é o ambiente mais adequado para retomar o trabalho a partir do ponto em que Carl Jung e Wolfgang Pauli os interromperam.

Podemos dizer que, hoje, as notícias científicas enobrecem suas pesquisas e as projetam para interpretações ainda mais ousadas do que imaginavam.

Portanto, o "Cenacolo Jung Pauli" é um projeto cultural que utiliza os meios da ciência clássica, mas também os da filosofia e da metafísica. Obviamente, toda a nossa gratidão vai para a coragem e tenacidade dos iniciadores. Sempre seremos seus devedores.

Este ebook resume o caminho cultural subjacente ao projeto "Cenacolo Jung Pauli". A intenção é tornar mais claro para aqueles que estão interessados nesses tópicos.

Os conceitos expressos neste ebook são, em grande parte, retirados dos livros publicados pela "PensareDiverso Editions". Em outros casos, os autores são mencionados.

Referências da Web
Siga-nos em nossa página no Facebook.

pesquisa:

Sincronicidade e entrelaçamento quântico

Nesta página, falamos sobre novos conhecimentos sobre o fenômeno da sincronicidade, que tem suas raízes na combinação harmoniosa e duradoura de estudos entre o grande psicólogo analítico Carl Gustav Jung e o físico quântico Wolfgang Pauli.

Estranhas coincidências em sua vida. Pequenos eventos curiosos. Pressentimentos. Telepatia. Isso acontece com você também? A física quântica e a teoria da sincronicidade explicam os fenômenos extra-sensoriais.
Copyright 2018. Pagine 138.

Desde os primeiros desenvolvimentos do pensamento, a humanidade acreditava que algumas coincidências significativas eram sinais pelos quais um nível filosófico ou divino mais elevado buscava dialogar com os homens.

Nos últimos três séculos, tudo isso foi cancelado por novas tendências científicas. Coincidências extraordinárias foram consideradas como consequências do caso. Qualquer um que quisesse interpretar eventos extraordinários como sinais divinos foi ridicularizado.

Da mesma forma, as visões do futuro eram consideradas ilusões ou mesmo sinais de desequilíbrio. Isso, apesar do fato de muitos terem experimentado esses fatos extraordinários.

A ciência negou a existência de uma dimensão psíquica com a qual a mente humana pudesse interagir. Segundo a opinião comum, a única realidade existente eram objetos materiais. No entanto, na década de 1980, experimentos em física quântica demonstraram a existência de um universo que não é composto apenas de matéria. Este universo mantém um nível em que a energia e a informação não sofrem os limites de espaço e tempo típicos da física clássica.

Isto confirma todas as intuições amadurecidas na história da humanidade.

Entre essas intuições, o conceito de "Alma do Mundo" enunciado pelo filósofo grego Platão. Mais recentemente, o psicólogo suíço Carl Gustav Jung elaborou a teoria do "inconsciente coletivo".

Este livro evita investigar tópicos excessivamente especializados. O autor claramente acompanha o leitor na compreensão dos três níveis que formam uma única realidade.

O primeiro nível é o físico, que faz parte da nossa experiência diária. O segundo nível é o descrito pela física quântica, típica das menores partículas elementares dos átomos.

O terceiro é o nível psíquico chamado "não-localidade". É o nível espiritual, que não pode estar fisicamente localizado em nenhum lugar.

Este caminho do conhecimento refere-se a descobertas recentes reconhecidas pela ciência oficial. As estranhas coincidências e fenômenos da mente tornam-se partes importantes de uma nova e surpreendente realidade.

Índice do livro

Fatos aleatórios e coincidências significativas
Uma foto antiga
Dois fatos que não estão conectados entre si podem criar uma "coincidência significativa".
Uma pequena estátua voando da janela
Sincronicidade.
Inconsciente coletivo e arquétipos.
O nível de consciência individual
O inconsciente individual
O inconsciente coletivo
Uma ideia tão antiga quanto o homem
Os arquétipos
Como ocorre a sincronicidade
Destino ou sincronicidade?
A incrível história de Sarah Richley. Ato I
A incrível história de Sarah Richley. Ato II
Sincronicidades são emanações de uma Mente universal.
Tudo isso é lindo, mas ... onde estão os testes?
O Iluminismo
A idade das luzes e os salões literários
Quais são as leis da física clássica que não podem ser quebradas?
Colaboração entre ciência e psique
Emaranhamento quântico
A teoria é cientificamente confirmada.
A dimensão que vai além das coisas materiais
Que papel as coincidências desempenham na minha vida?
Decifrando sincronicidades.
Os três níveis de realidade
O nível quântico e o nível não local
O sétimo sentido

Você pode encontrar este livro no site do editor, mesmo em formato de e-book. Endereço: www.qbook.it. Você também pode encontrá-lo nas melhores livrarias online.

Sincronicidade e entrelaçamento quântico.
Campos de força. Não-localidade. Percepções extra-sensoriais. As surpreendentes propriedades da física quântica.
Copyright 2019. P Páginas 253. 55 ilustrações.

Muitas vezes nossa vida diária é acompanhada por intuições e pressentimentos. Há episódios de telepatia ou outras sensações da alma que acompanham a existência dos homens.

Esses fenômenos não são raros e afetam a todos. Alguns estudiosos, com uma mentalidade mais aberta, queriam abordar o tópico cientificamente. Eles se perguntaram se existe uma maneira de entender experiências extra-sensoriais sem recorrer ao ocultismo, mitologia ou filosofias pseudo-religiosas. A física quântica fornece respostas positivas para essa questão, e agora é certo que as partículas elementares estão conectadas umas às outras. O entrelaçamento quântico confirma que no nível das partículas elementares "tudo é um". Nesta unidade podemos reconhecer uma mente do universo. Talvez o *Anima mundi* de Platão ou o *Inconsciente coletivo* de Carl Jung. Talvez *Tao* da filosofia oriental. Ou talvez uma visão completamente nova da realidade, que unifica o material e o psíquico. O autor, com a clareza de um especialista em comunicação, envolve o leitor nesses tópicos de reflexão.

    Introdução. O que este livro é sobre
    Premissas essenciais
    1 - O massacre da rua Baruhill
    Um pressentimento não entendido
    Um caso oposto
    2 - Quão pesada é a alma?
    Escalas mais precisas são necessárias
    Tudo para ser refeito
    British Society for Psychical Research
    Ainda não é o suficiente
    4 - As paredes de Jericho rangem
    O "DNA lixo"
    Regeneração de células cerebrais
    96% do universo não responde à chamada
    II. A alma do mundo
    5 - A consciência da unidade de tudo
    Platão e "Anima Mundi"
    O "Anima mundi" na cultura ocidental
    Anima mundi e cultura oriental
    6 - O fato milagroso da Igreja Batista de West Side
    III. Sincronicidade

6 - Carl Gustav Jung Sincronicidade e inconsciente coletivo.
Sincronicidade no evento Baruhill Street
Campos de força e realidade modificada
Sincronicidade no caso dos coristas salvos pela explosão
Quando a realidade é fisicamente afetada.
7 - Sincronicidade como agente de transformação da realidade
Transformação física. Oração e cura
Desejo e intenção
8 - Porque nem sempre acontece
Envolvimento emocional
A teoria do sinal fraco
IV. Cosmos psíquicos
O nível físico da existência
O nível quântico
O nível não local
Como nós participamos?
9 - Campos de força
A montanha das melodições
O banho no rio Ganges
Campos de força e arquétipos
10 - Campos mentais
Como funcionam os campos morfogenéticos?
11 - Campos morfogenéticos e ressonância mórfica
Campos morficos
12 - Campos de força na natureza. As pedras
13 - Pierre Teilhard de Chardin e a Noosfera
14 - Tempo, distância, não localização
V. Maravilhas da física quântica
15 - Sincronicidades acontecem no momento certo
16 - Uma reunião no momento certo
Efeito Pauli
O diagrama psicofísico de Pauli e Jung
17 - Emaranhamento quântico
Onde o emaranhamento nasce. As partículas elementares.

Elétrons pouco disciplinados
Entre os dois fótons "gêmeos", o entrelaçamento quântico é estabelecido.
18 - O experimento de Alain Aspect
O princípio por trás do entrelaçamento quântico
Hábitos livres de fótons emaranhados
19 - As implicações do entrelaçamento quântico.
Mecanismo de desmontagem de emaranhamento
Emaranhamento refuta a direção fixa do tempo
Na não-localidade não há espaço e tempo
VI Percepções extra-sensoriais
20 - O sexto e sétimo sentido
Cosmos
Definição de percepção extra-sensorial
O experimento de Ganzfeld.
Experiências de Joseph Rhine
Experiências de Upton Sinclair
Os experimentos de René Warcollier
Emaranhamento quântico e telepatia
Coincidências sensoriais entre gêmeos
21 - O campo de força individual
Cada criatura interage com vários campos
E quando a criatura morre isso acontece?
22 - Presciência
23 - Uma trágica aventura no mar
Uma história verdadeira. O naufrágio do Mignonette
24 - Previsões literárias
Futility. O naufrágio do Titan
25 - Os pressentimentos
Os experimentos de Dean Radin
Previsão de desastres
26 - Outros tipos de presciência.
A sensação de ser observado
O olho do mal e fascinação
27 - O projeto " Global Consciousness ".
Alguém nos experimentou. O Google Profile of Mood States (GPMOS)

Alguém conseguiu.
O caso das Torres Gêmeas
O projeto Global Consciousness hoje.
28 - Conclusões. É a hora certa?

Você pode encontrar este livro no site do editor, mesmo em formato de e-book. Endereço: www.qbook.it. Você também pode encontrá-lo nas melhores livrarias online.

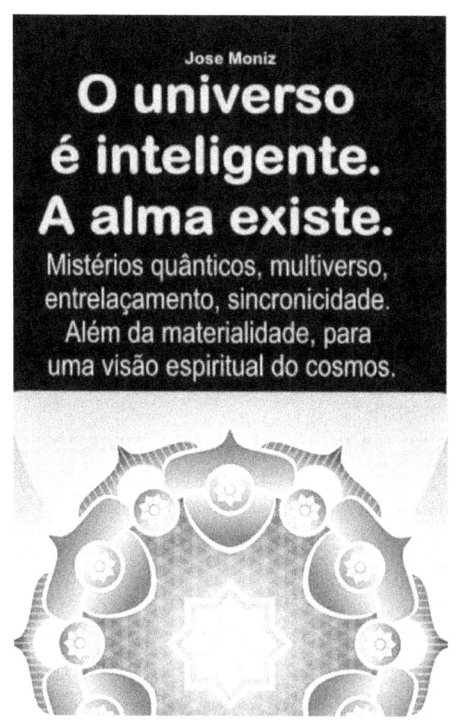

O universo é inteligente. A alma existe.
Mistérios quânticos, multiverso, entrelaçamento, sincronicidade. Além da materialidade, para uma visão espiritual do cosmos.
Copyright 2019. Páginas 280. Ilustrado.

As incríveis descobertas da física quântica estão perturbando completamente os pressupostos da ciência clássica. Hoje a técnica permite conquistas incríveis. Por exemplo, os primeiros computadores quânticos com capacidades de computação quase ilimitadas estão sendo realizados. Alguns apóiam a possibilidade real de viagem no tempo. Além dessas inovações conhecidas do público em geral, há outras menos conhecidas, mas não menos importantes. Essas são as novidades advindas dos estudos quânticos, dentre as quais podemos citar a "superposição de estados" e o "colapso quântico".

A "superposição de estados" confirma que a mesma partícula pode ser encontrada simultaneamente em dois ou mais lugares. A teoria do "colapso quântico" confirma que o comportamento da matéria pode ser decidido simplesmente pela observação. Estas não são suposições, mas princípios verificados experimentalmente.

Este livro não trata apenas dessas inovações, mas dá muito espaço para teorias mais avançadas. Estas são teorias anunciadas, mas ainda não confirmadas. Além disso, o livro também avalia as teorias mais arriscadas, desde que sejam cientificamente baseadas.

Por exemplo, o livro fala sobre o multiverso, ou teoria dos universos paralelos, proposto pelo físico Hugh Everett. Da mesma forma, o livro fala de não-localidade. É um espaço psíquico totalmente independente das leis da física clássica. Como resultado da não localização, partículas elementares, localizadas a distâncias astronômicas, comportam-se como se fossem uma.

Este livro também fala sobre as últimas pesquisas de Roger Penrose, um físico incrédulo, e Stuart Hameroff. De acordo com esses dois cientistas, a alma existe e pode ser identificada com flutuações quânticas. Essas flutuações têm a capacidade de sobreviver à morte física do corpo.

Se realmente as "almas" são condensações de flutuações quânticas, podemos formular uma pergunta: será possível imaginar instrumentos que permitam o diálogo com essas flutuações?

O livro expõe a pesquisa de cientistas estabelecidos, mas sem usar nenhuma fórmula matemática. As teorias são expostas de maneira simples e compreensível para todos. Desta forma, todos podem descobrir os aspectos insuspeitados da realidade em que vivemos.

É claro que a física quântica está decretando o fim do materialismo e o começo de uma nova fase cultural, baseada na colaboração entre espírito e matéria.

Índice do livro
Introdução
Vivendo na casca de uma noz
O que Hamlet tem com Stephen Hawking?
Um autor que representa seu tempo.
Tycho Brahe e a supernova N1572
Disputas astronômicas
O sistema ptolomaico
A revolução copernicana
Tycho Brahe e o sistema ticoniano
Thomas Digges e o modelo heliocêntrico
"De l'infinito, universo e mondi"
Giordano Bruno, o filósofo do infinito
Giordano Bruno e sua ideia de infinito
Questões de ética
Os problemas de um universo infinito
Infinito em um espaço finito
Um sonho premonitório
A mandala
Jung e as mandalas
O ovo cósmico
O ovo cósmico e a física atual
O encontro entre Jung e Pauli
O diagrama psíquico de Pauli e Jung
Vamos falar mais sobre Mandala
O infinito no finito
O pensamento é um "finito" que contém o infinito
Pensamento Cósmico
A teoria do multiverso
A teoria do multiverso
A física quântica é a mãe do multiverso

Segunda fase. Duas fendas
Terceira fase. O papel do observador
Quantos tipos de multiverso existem?
A paisagem multiverso (The landscape multiverse)
O multiverso quântico (The quantum multiverse)
O multiverso simulado (The simulated multiverse)
O multiverso final (The ultimate multiverse)
O multiverso brane (The brane multiverse)
Estética da ciência
Inteligência no centro do universo
O papel do observador
Um nêmesis científico
Coincidências surpreendentes
O princípio antrópico
Nascimento e evolução do princípio antrópico
O homem está realmente no centro do universo?
Cooperação de inteligência
Creatio ab nihilo
Quais evidências temos sobre a inteligência da "Matriz Cósmica"?
Mas o universo feito de matéria realmente existe?
Não localidade, entrelaçamento
Einstein e a localidade
A causalidade é a base de todas as coisas?
Emaranhamento quântico
Tudo é um na dimensão não local
A alma existe
A agregação de matéria
A matéria agrega em formas coerentes e finalizadas
Toda agregação vem de um projeto
Atmosferas quânticas
O que nos torna conscientes?
A física quântica e a alma
Colapso das ondas quânticas
Neurônios do tipo Qubit
Anjos, demônios e almas dos mortos
Inconsciente coletivo e arquétipos

As estranhas coincidências
Aceite o desafio
Meditação e oração
Apêndice 1. Hamlet
Os personagens
O enredo da tragédia
Glossário
Bibliography

Você pode encontrar este livro no site do editor, mesmo em formato de e-book. Endereço: www.qbook.it. Você também pode encontrá-lo nas melhores livrarias online.

www.ingramcontent.com/pod-product-compliance
Lightning Source LLC
Chambersburg PA
CBHW070437220526
45466CB00004B/1716